ファントム
おじいちゃん
ファンブック

JN094639

にしにし

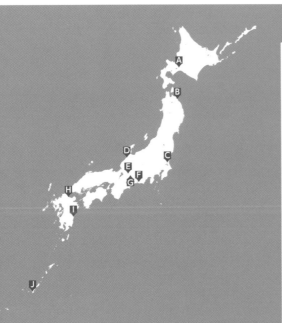

 第 301 飛行隊

 第 302 飛行隊

 第 303 飛行隊

 第 304 飛行隊

 第 305 飛行隊

 第 306 飛行隊

 第 501 飛行隊

 第 8 飛行隊

 飛行開発実験団

 第 1 術科学校

ファントムを運用した部隊と基地

千歳基地 A 1974～1985

三沢基地 B 1997～2009

百里基地 C 1973～1985/2016～2021
2009～2019
1978～1993
1974～2020

小松基地 D 1976～1987
1981～1996

岐阜基地 E

浜松基地 F

小牧基地 G

築城基地 H 1977～1990

新田原基地 I 1985～2016

那覇基地 J 1985～2009

ファントムおじいちゃんは作品で可愛いく描いていますが、本物のファントムはどっしりしたフォルム、エンジンの音、艦載機らしく力強い着陸など他の空自戦闘機では見られない独特な魅力があって、戦闘機の中で一番好きな機体です。

　戦闘機が喋ったら面白そうだなと軽い気持ちで始めたファントムおじいちゃん無頼。第301飛行隊にファントムおじいちゃんを使っていただいた時は恐れ多くて申し訳ない気持ち一杯でしたが、空自のことをあまり知らない人が興味持ってくれたり、子供にも好評だったようで役に立って良かったと思いました。

　作品のファンの方にはイベントなどで色々応援していただいてありがとうございました。ファンの声は作品作りの推進力になりました。ファントムは退役しますが、ファントムおじいちゃんは本の中やネットで、のほほんと隠居姿で活躍しますので安心してくださいね！

ほもと

ファントム
おじいちゃん
のおしごと

ワシは戦闘機ファントム

茨城県にある　航空自衛隊　百里基地で　暮らしているんじゃ

百里基地の隣は茨城空港

ここの滑走路は　百里基地と　茨城空港が　一緒に使っているからじゃ

さて　そろそろお仕事の時間じゃ

整備員という　機械のお医者さんに

からだをチェックしてもらって

準備完了

今日の　お仕事は　アラート任務です

スクランブル!!

大きな　サイレンの音が　鳴り響きます

レーダーが
怪しい飛行機を捉えました
日本の空に　入ってきそうです

パイロットさんたちと　整備員さんたちが
大急ぎで駆け出します

ワシも　急ぐのじゃ

440

ファントムおじいちゃんは
ピカッと光って

本物の　戦闘機ファントムに　変身しました

パイロットさんたちは
ファントムに乗り込み

整備員さんたちは
安全確認

ごぉおお
大きな音をたてて
離陸です

みんなで力を合わせて
飛び立ちます

しばらく飛んでいると
怪しい飛行機が見えました

パイロットが　話しかけます

こらこら　勝手に入ってきちゃ　だめだよ

怪しい飛行機は　分かってくれたようで
帰って行きました

基地_{きち}に帰_{かえ}ろう

雲_{くも}の切_きれ間_まから
百里基地_{ひゃくりきち}が見_みえてきました

お仕事を　無事に終えて
パイロットさんは
お疲れさまと　なでてくれました

整備員さんたちも
無事に帰ってきた　姿を見て

ほっとしているようです

整備員さんは　ファントムおじいちゃんを
格納庫へ連れて行きます

次のお仕事でも　全力が出せるように

ファントムおじいちゃんを　整備します

次の日は　ファントムおじいちゃんの
お仕事は　お休みでした

美味しいものを　食べて
のんびりと　過ごしました

また
明日も頑張るのじゃ

ファントム おじいちゃん
のおしごと の解説

explanation

首都防空の要、百里基地

日本帝国海軍百里原航空隊が置かれていましたが、戦後には農地化。1958年に改めて航空自衛隊の基地として滑走路の設置工事が始まり、1966年に百里基地として発足しています。

百里基地は東京に最も近い基地として、首都圏の防衛を担う、とても大切な基地です。

住所　：茨城県小美玉市百里170
Twitter　：@jasdf_hyakuri

explanation

茨城空港の開設

百里基地の施設は滑走路の東側にあります。茨城空港の施設は滑走路を挟んで西側に建設され、2010年に開港となりました。また、並行した滑走路が1本、増設されています。

札幌・神戸・福岡・那覇との往復便が就航しています。また、茨城空港旅客ターミナルビルには国際線を受け入れる機能もあり、上海・西安・台北との便も運行しています。

その茨城空港旅客ターミナルビルの2階には送迎デッキが設置されていて、滑走路を挟んで百里基地のエプロン地区を一望できるのも魅力の一つです。着陸した旅客機の向こうをタクシー（地上滑走）していく戦闘機という取り合わせを楽しむことができます。

explanation

ヒャクリーランド

戦闘機ファンなら朝から夕方までたっぷり楽しむことができるので、百里基地を中心とした地域のことを「ヒャクリーランド」と呼ぶことも。

百里基地の正門を訪れると「雄飛園」と名付けられた、展示エリアがあります。

第302飛行隊に所属していた302号機が展示されています。ファントム運用40周年を記念して388号機に施された特別塗装と同じ塗装が目を惹きますが、302号機は301号機とともにアメリカで生産されたF-4EJの最初の2機の内の1機です。隣には第501飛行隊に所属していたRF-4E 906号機が展示されていますが、こちらも日本国内で展示されている唯一のRF-4Eという、貴

雄飛園のF-4EJ改302号機

重な存在です。

茨城空港に隣接して設置されている茨城空港公園には、第302飛行隊に所属していたF-4EJ改319号機と、第501飛行隊に所属していたRF-4EJ 412号機が展示されています。特にRF-4EJは限定改修型のため、F-4EJ改319号機と垂直尾翼頂端のレーダー

警戒装置の有無などディテールが異なるので、必見です。

茨城空港旅客ターミナルビルと茨城空港公園

また、近隣の「空のえき そ・ら・ら」には、百里基地の飛行隊をモチーフにしたボトルなどが魅力的なオミタマヨーグルトや地元の農産品を購入できる直売所など、魅力たっぷり。

オミタマヨーグルトの特別塗装機のボトル

ファンが寄贈したグッズが見られた「みんなの台所」近隣で再オープン予定

素鵞神社では、ファントムの刺繍が施された百里神社の御朱印帳とF-4・F-15・F-2・F-35の御朱印を頂くことができます。

素鵞神社で御朱印を頂く前に、茨城空港近くの百里神社に参拝しておきましょう。ひっそりとした社ですが、百里原飛行場の守護神だったという由緒から、戦闘機の撮影に訪れる人が「良い撮影ができるように」と手を合わせることも多いようです。

explanation

百里基地の滑走路

滑走路は、磁北極を"00"として、滑走路の向きを表す角度の1桁目を取った2桁の数字で表されます。百里基地の滑走路は並行して2本あるため、03L/R・21L/Rと表記されます。

滑走路の向きは、離着陸時に横風を受けることの少ない方角になるように決められます。百里基地はほぼ南北となっていて、夏は南向きの21、冬は北向きの03を使うことが多くなります。

航空自衛隊の飛行機は、基地に近い東側の滑走路を使うことが主で、03R・21Lを使用します。

東側の滑走路が使えないなどの緊急時には西側の03L・21R滑走路を使うこともあります。この場合、茨城空港公園からも離着陸を間近に見ることができ、「ウエスト上がり・降り」と、ファンに喜ばれています。

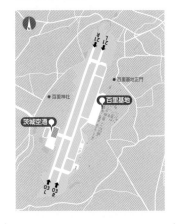

explanation

ファントム飛行隊

戦闘機を運用する部隊は飛行

隊という組織になっていて、各飛行隊には数字が振られ、部隊のマークが付けられています。ファントムが最大に運用されていた時期には、301・302・303・304・305・306・8・501の飛行隊がありました。

現在はF-15を運用している
第303飛行隊のF-4EJ

百里基地で最後までファントムを運用していた第301飛行隊は、ファントムを初めて運用した飛行隊でもあり、筑波山のガマガエルをモチーフにしたマークを垂直尾翼に付けていました。

第301飛行隊の隊舎に
飾られている木彫りのカエル

その前年となる2019年にF-35Aへ機種を転換した第302飛行隊は、航空自衛隊唯一の領空侵犯対応における警告射撃を

行った部隊であり、他の飛行隊よりも大きく描かれた尾翼のオジロワシのマークで人気があります。

戦技競技会連覇という
記録も持つ第302飛行隊

飛行隊の日々の訓練

日々、パイロットの技能向上のための訓練が行われています。戦闘機の任務を果たすためには、適切な操縦と機器の制御が必要になります。飛行機には状況によって、効率の良い操縦があります。効率の悪い操縦をしてしまうと速度を失い、敵に優位に立たれてしまうことになります。レーダーも捜索パターンが複数あり、適切な制御を行わないと本来の探知距離を活かすことができなくなり、敵に先に発見されてしまうことになります。

このため、戦闘機の飛行諸元を把握した上で、様々なシチュエーションにおいて最適な操縦が行えるような訓練を行うことが必要となります。そして、そのシチュエーションの数は無限に近いともいえ

るので、日々の訓練が必要になるのです。

F-4Eの飛行性能を表すグラフ

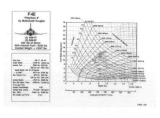

対領空侵犯措置任務

飛行隊の任務は、アラート任務とも呼ばれる、不審な航空機への緊急対処が主なものになります。24時間体制で戦闘機を即時発進可能な状況に置き、国籍不明の航空機が領空に近づいてきた場合に緊急発進（スクランブルとも呼ばれる）を行います。

日本各地に設置した地上のレーダーサイトが航空機を監視、国籍が不明だったり予定と異なる飛行を行う航空機が領空へと接近する状況だと判断されると緊急発進を行うことになります。

緊急発進の指令を受けると、パイロットはコクピットに駆け上がり、整備員はエンジン始動など離陸の準備を進め、約5分で離陸します。通常の訓練飛行などでは、離陸の直前にパイロットと整備員が機体の安全点検を行いますが、

アラート任務に就く機体では予めこの点検を済ませ、アラートハンガーと呼ばれる専用の格納庫で待機状態に置かれます。

画像出典：航空自衛隊

　また、通常の訓練と大きく違うのは実弾を装備していることです。ファントムでは、M61機関砲に実弾が込められ、主翼下に国産の90式空対空誘導弾（AAM-3）の実弾が吊り下げられます。訓練では、ミサイルの先端部分は白く、残りの3/4は青いAAM-3が吊り下げられています。青いのは、外形が模されているだけで、本来収められている爆薬や推力となるロケット装置が無いことを示しています。

百里基地航空祭で展示された AAM-3

国籍不明機との接近

　通常、対領空侵犯措置では2機の戦闘機で対処します。
　1機が先行して対象機に接近し

て、対象機から視認されることで警告を与えます。もう1機は後方に位置して万一に備えます。この間、地上のレーダーサイトや戦闘機から無線で領空に近づいていることを警告する通信が続けられます。通常は、この段階で対象機は領空から離れる方向へ進路を変えることになります。スクランブルに当たった2機は、対象機が防空識別圏と呼ばれる、領空の外側に設けられた領域の外まで飛び去ることを見届けて帰還することになります。
　しかし、対象機が防空識別圏の中を領空に沿うように飛行する場合があり、この場合は飛行経路上に近い基地から発進した編隊に引き継がれることになります。
　近年、緊急発進の回数は増加傾向にあって、2019年度では947回となっています。

緊急発進したパイロットの撮影による対象機の姿／画像出典：航空自衛隊

帰還後の整備

　基地に帰還するとすぐに整備が行われます。飛行後の整備項目が規定されていて、整備員が各所の点検を行い、燃料や液体酸素などの補給を行います。
　整備後、そのままアラート任務に戻る場合もあり、この場合は慌ただしく作業が進められることになります。

カメラマンおじいちゃん

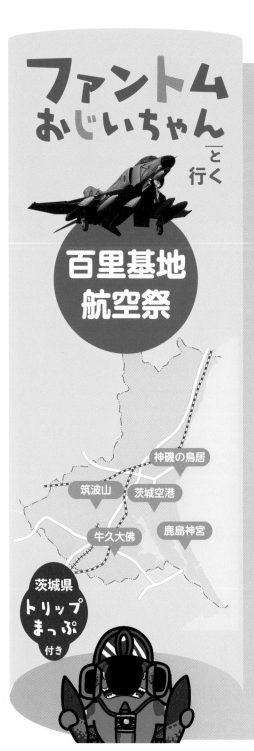

ファントム
おじいちゃん と行く

百里基地 航空祭

茨城県 トリップ まっぷ 付き

神磯の鳥居
筑波山
茨城空港
牛久大佛
鹿島神宮

鹿島神宮

百里基地航空祭まで
あと **5** 日

紀元前六百六十年創建といわれる歴史と、神宮を名乗る由緒をもつ、別格の神社。旅の安全を守る神に由来する「鹿島立ち」の言葉もあり、旅を始めるにはぴったりです。

牛久大仏

百里基地航空祭まで
あと **4** 日

青銅製立像として世界最大の記録を持つ牛久阿弥陀大佛。胎内での仏教体験のほか、周囲の庭園には小動物園や花畑、食事処もあり、色々と楽しむことができます。

筑波山

百里基地航空祭まで
あと **3** 日

複数の登山ルートとロープウェイとケーブルカーがあるので、多くの人が登山を楽しめます。第301飛行隊のマークの由来であるガマ石も筑波山にあります。

神磯の鳥居

大洗の磯に、波に洗われるように立つ鳥居は初日の出を拝む絶好のスポット。大洗磯前神社は『ガールズ＆パンツァー』の舞台でもあり、奉納された絵馬も楽しめます。

百里基地航空祭まで
あと **2** 日

茨城空港

百里基地の滑走路を共用する茨城空港は、ドラマ『半沢直樹』で伊勢志摩空港として登場したことが話題になりました。公園に展示されているファントムも必見です。

百里基地航空祭まで
あと **1** 日

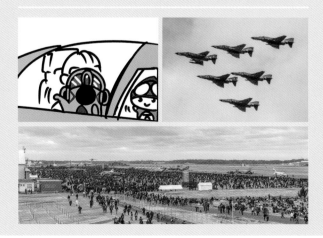

いよいよ我らファントム最後の百里基地航空祭！

ブルーも来るからかなり盛り上がるのう！

そろそろ編隊飛行の時間じゃ。

気合いを入れるぞ！

お知らせです♪

基地周辺にドローンが確認された為、一部プログラム変更になります。

誰じゃ‼飛ばしたバカ野郎は‼

先輩落ち着いて！

航空祭を楽しむために、隊員の皆さんの指示に従うようにしましょう。

基地のホームページに注意事項等が掲載されるので、事前にチェックしておくことをおすすめします。

グェー

ファントム
おじいちゃん
となかまたち

C-1
おじいちゃん

YS-11
おじいちゃん

F-1

F-86F

F-104J

ファントムおじいちゃん

チヌーク

UH-60J

ライトニングくん

バイパーゼロさん

イーグル兄さん

T-4くん

ブルーT-4くん

F-4EJ改

カメラと散歩が趣味。
たまに行方不明になる。

1 ファントムおじいちゃん

長い間、空を守り続けているおじいちゃん

ファントムは愛称

F-4EJは、アメリカのマグドネル（1997年にボーイングに買収されている）が開発した戦闘機の日本向けの仕様です。F-4に与えられた

初代ファントムのFH-1。艦上ジェット戦闘機としては未完成な部分が多く、運用期間は7年と短いものでした／画像出典：US Navy

分類	戦闘機
乗員	2人
全幅	11.7m
全長	19.2m
全高	5.0m
エンジン	J79-GE(IHI)-17 × 2基
最大速度	マッハ約2.2
航続距離	約2,900km
武装	20mm機関砲 空対空レーダーミサイル 空対空赤外線ミサイル

愛称がファントムⅡで、1945年に初飛行したFH-1ファントムを受け継ぐ戦闘機としてファントムⅡと名付けられています。

初代のファントムは既に退役しているため、ファンの間では単にファントムと呼ばれることが多いのです。航空自衛隊の方々は「エフヨン」と呼ぶことが多いようです。

戦闘機との戦闘はあまり得意じゃない

空母は戦略上、とても重要なので敵も空母を狙って攻撃を仕掛けってきます。これを迎え撃つために、たくさんのミサイルと燃料を持つ

画像出典：航空自衛隊

て空母を中心とした艦隊上空で待ち受ける戦闘機が必要となります。この任務を果たすことが、F-4には求められていました。

　また、空母上で運用するための制限があり、空力的には理想よりも前後長が短くなってしまっています。全幅も狭く収めるために主翼の端部を折りたたむことができたり、空母への着艦の衝撃に備えて脚が太くなっているため、陸上の飛行場でのみの運用を想定した戦闘機と比べて重くなってしまっています。

　そのため、F-15やF-2と比べると戦闘機どうしの戦いは得意とはいえず、「重たいものを持って、長く、速く飛ぶ」ほうが向いているといえるでしょう。

空母から発艦するF-4J／画像出典：US Navy

空母に着艦しようとしているF-4B。F-4EJとは違い、機関砲を搭載していないため、機首が短くなっています／画像出典：US Navy

お父さん

へぇ～じゃ、この方がお父さんですか。

そうじゃ、父も艦載機だったのじゃ。

そっくり！

昔こんなことがあってな…

いいか、これからはもっと飛行距離が長くなる時代が来る。

その為には体を大きくしないといかん！

遠慮なく沢山食べて大きくなるんだぞ。

はいパパ！

という訳でワシは長く飛べるようになったんじゃ。

はぁ…

ポッチャリ

　F-4が生まれるまで、F3H-Gという企画案、YAH-1という試作機がありました。これをアメリカ海軍が空母を中心とした艦隊防空を務める戦闘機として正式採用することになり、XF4H-1という試作機が作られました。このころ、太い胴体などから「醜いアヒルの子」と揶揄されたこともあるそうです。

　その後、量産された機体はF4H-1Fとなり、さらにF-4Bと名称変更されました。

おじいちゃんの足

そういえばファントム先輩は足が太いんですね。

それはな、我々ファントムは元々艦載機として開発されたんじゃ。空母のカタパルト射出と着艦の衝撃を耐えるために足が太くなるんじゃ。

その名残の足はこんな感じにジャンプも出来るんじゃ！ホラ！

もう年なので身体のことも考えてください！

すまん…。

海軍で運用されたF-4は油圧で主翼端を折りたたむことができました。元に戻すのを忘れて、折りたたんだまま飛んでしまったことがありましたが、無事に着艦したそうです

百里基地の滑走路は2,700mありますが、空母の着陸に使用できる部分は200mほどしかなく、着艦は「主脚を甲板に叩き付けるよう」になるといわれます。このため、F-4の脚は太く、頑丈に作られています。

しかし、2017年にタクシー（地上滑走）中のF-4EJ改の主脚が折れ出火するという事故が発生しました。原因は想定外の経年劣化だといわれています。

船

サザーン

ワー！景色万綺麗デス！

そうじゃなー

たまには船に乗るのも悪くないのう。

なんかホッとするのう

ウン！

デモ先輩達顔色悪ソウデスガ…

船に慣れていないからしようがないんじゃ…

空母艦上で運用することはできないF-4EJですが、頑丈な脚だけでなく、太いアレスティングフックも海軍で運用されていたF-4と同じものです。これを、甲板上に張ったワイヤーに引っかけることで機体を急制動するために使われていました。

F-15にもアレスティングフックはありますが、緊急時にのみ使用するため細いものになっています。

艦上戦闘機から空軍の戦闘機に

F-4Bは艦上戦闘機としてアメリカ海軍に1961年に配備されました。そして、主翼端の折りたたみを手動としたり空中給油の方式を変更するなどして、F-110Aスペクターとしてアメリカ空軍でも採用されることになります。その後、F-4Cに名称が変更されています。対空ミサイルだけではなく爆弾を運用することもできることから、ベトナム戦争において多くの戦績を残しています。

F-4CとF-4Dには、機関砲が搭載されてなく、対空ミサイルが期待された性能を発揮することができなかったこともあり、MiG-17などの一世代古い機体に苦戦することになります。そこで、F-4Eからは機首を延長して機関砲を搭載することになりました。

海兵隊でも運用されたF-4B。機首下の張り出しは赤外線センサーで、機関砲は搭載していません

対空ミサイルを最大搭載したF-4E。機首が延ばされ、下の膨らみにM61機関砲の砲身が納められています

バルカン砲

機首を延長した部分に搭載されている機関砲は取り外して荷物室にすることもできます。2001年に、電気系の誤動作が原因とみられる誤射事件がありました。

百里基地広報館に展示されているM61機関砲。複数の砲身を持つガトリング砲で、バルカンという愛称が与えられています

性能的に劣るソ連製の戦闘機に苦戦を強いられたのは、戦闘を行える地域に制限があったり敵機を視認してからでないとミサイルを発射できないなどの制約があったことにも原因があるので、ミサイルの性能が不足していたことだけが原因とはいえないのです。

ファントム導入検討時の候補の中にBAEライトニングがありました。F-35はライトニングⅡと呼ばれていますが、こちらの初代はロッキードP-38ライトニングです。

航空自衛隊のファントム誕生

F-86Fの後継機として1966年にF-4Eが選ばれました。フランスのミラージュF1やイギリスのライトニングなども候補となっていましたが、当初からF-4Eが本命だったようです。

けれど、アメリカ空軍が運用していたF-4Eをそのまま導入というわけにはいきませんでした。航続距離を延長する空中給油装置と、爆弾を投下する時に使用する制御装置は、日本国内の政治的な問題で搭載を許されませんでした。レーダー警戒装置は、アメリカが技術輸出を許可しなかったため、国内で開発されたものに置き換えられています。

こうして生まれたF-4EJの最初の2機がアメリカの工場で生産されて、1971年に日本に到着しています。

マグドネル・ダグラスのセントルイス工場で生産された1号機／画像出典：航空自衛隊

小牧基地に到着した1号機は岐阜基地に運ばれ、航空実験団（当時の飛行開発実験団）で運用試験が行われました／画像出典：航空自衛隊

F-4EJからF-4EJ改に

　F-4EJは、アメリカで生産された2機に続いて、三菱重工の小牧基地でアメリカで生産されたパーツを組み立てた11機、パーツまで国内で生産した127機が生産されて、合計140機が航空自衛隊に配備されました。

　このF-4EJでは、地域情勢の変化に対応しづらくなったために、1982年から能力向上のための研究・開発が始められ1985年にF-4EJ改に改修されました。

　そのきっかけの一つとして、ミグ25事件があります。1976年にソ連のMiG-25が領空を侵犯。2機のF-4EJが緊急発進しますが、2度レーダーで短時間捉えたのみで、領空外や基地への誘導といった対処を行うことができませんでした。F-4EJに搭載していたレーダーが、自機よりも低い高度を飛ぶ不明機を捉える能力において不足していたことが、その原因の一つだと考えられています。そこで、レーダーを中心として、搭載する電子装備品のアップデートが行われました。

F-4EJ改の試作改修が施された431号機の試験飛行。431号機は現在でも岐阜基地の飛行開発実験団に所属しています／画像出典：航空自衛隊

悪夢

　ソ連のMiG-25が領空侵犯後に函館空港に強行着陸を行った事件は、F-4EJの性能向上の必要性が浮き彫りになった大きな事件でした。

函館空港に強行着陸、滑走路をオーバーランして停止したMiG-25／画像出典：航空自衛隊

鉢合わせ

おっ
空いてる席が！

よっしゃラッキーじゃ…

うん？

落ち着くんじゃ!!
撃たないよ!!

うわあああっ
警告射撃しないで!!

　領空侵犯しようとするTu-16に接近すると、F-4EJの1機が横に並び、機体を左右に傾けることで「退去」を指示。これは無線が通じない状況を想定した対応でもあります。

アメリカ海軍のF-4Bのエスコートを受けるTu-16。沖縄で領海侵犯したTu-16は電子偵察型だったようです／画像出典：US Navy

　1974年に千歳基地でF-4EJを運用する部隊として編成された第302飛行隊は、那覇基地に移動となり、防空任務についていました。

　1987年12月9日午前10時45分ごろ、不明な4機が南方から領空に接近してきたため、第302飛行隊のF-4EJが4機、緊急発進します。4機のTu-16を視認して警告を行い、3機は北へ飛び去りました。

　しかし、1機は沖縄本島の領空に入ったため、許可のもと警告射撃を行っています。沖永良部島・徳之島の領空に再び侵入。2回目の警告射撃を行い、領空外へ退去したことを確認しました。警告射撃は、対象機の側方に位置して射撃を行うことで、実弾を装備していて発射する用意があることを示すものです。対象をかすめるようなこともありません。

　この時の警告射撃が、航空自衛隊の歴史で唯一の警告射撃となっています。

オジロワシを図案化したマークを尾翼に付けた第302飛行隊のF-4EJ。他の飛行隊はF-4EJ改に機種変更を行った際にマークの規定が変更になり小さくなりましたが、オジロワシだけはF-4EJ改の運用を終了するまで大きなマークのまま運用されました

兄弟がたくさん

アメリカ海軍で運用された艦上戦闘機型のF-4A/B/N/J/S。アメリカ空軍で運用されたF-4C/D/E/G。ロールスロイス製エンジンに積み替えられたイギリスのF-4K/M。ドイツのF-4F。カメラを機首に積んで偵察任務を行うRF-4B/C/Eもあり、日本でもRF-4Eを採用するとともに、F-4EJ改に改修されなかったF-4EJをもとにRF-EJを生み出しました。

F-4Cとして納入され、RF-4C改修の試作機となり、F-4Eの改修試作機となり、最後にはインテーク部分にカナードを取り付けてフライバイワイヤの試験を行ったF-4もあります。

62-12200号機は、当初F-4Bとして生産されていましたが、F-4Cとしてアメリカ海軍に納品されました。フライバイワイヤの試験時には特別な塗装が施されています

また、アメリカでは余剰となった機体に無線操縦装置を積んで、標的として撃墜されるQF-4B/E/N/S/Gへと改修されています。

多くの兄弟のなかで、一番最後の弟が航空自衛隊のF-4EJ改440号機です。5,000機以上のファントムの中で一番最後に生産されました。2020年12月1日に百里基地から浜松基地へ最後のフライト行い、航空自衛隊のエアパークに展示されることになりました。

440号機は末弟らしく、なかなか手間の掛かる機体だったようです。ラストフライトではピカピカに磨き上げられて、歴代の航空自衛隊戦闘機達の仲間に迎え入れられることになりました

まだまだ飛び続ける兄弟たち

航空自衛隊では、2020年12月15日に最後のF-4EJ改運用飛行隊である第301飛行隊がF-35A運用のために三沢基地へと移動となり、岐阜基地の飛行開発実験団が運用しているF-4EJ/EJ改も2021年3月に退役となる見通しです。

しかし、まだまだF-4を飛ばしている国があります。韓国ではF-4の後継としてF-35Aの導入が進んでいますが、トルコ、ギリシャ、イランでは装備品の更新が行われていることからも、運用を続けるようです。

エアパーク

ここが浜松のエアパークなのじゃ。

わぁ！

いっぱいありますネー

うむ、空自の歴史も学べるんじゃよ。

久しぶりじゃないか！

おぉっくしぶりじゃのう

ところでそろそろここの仲間へ入らないか？

うーん…少し待ってほしいのう…

エアパークは、浜松基地に隣接する航空自衛隊の広報施設です。航空自衛隊が運用してきた多くの航空機を間近に見ることができます。

浜松基地に最後の着陸を行う440号機／画像提供：CASTLE41

ファントムサミット

もう皆年だし、そろそろ後継機について話をしよう。

日本ではF-35が後継機になるんじゃが、他の国はどうなんじゃ？

ライトニングくーん　韓国

ここはF-15が後継機になったけど最近こっちもF-35が来たので分からないんじゃ　日本

ここはF-16が後継機代。最近数増えてきて大分からのう。

ライトニングくーん　トルコ

トルコはあまり分からないけど2020年まで運用じゃな

うーむバイパーくん…　バイパーくん　エジプト

後継機って何じゃ？　イラン　　ギリシャ

えっ後継機？ないよ。

嘘！？

多くの国では、日本と同じくF-4はF-16やF-35A、タイフーンなどの新世代の戦闘機に任務を受け継いでいます。

トルコ空軍はF-4Eを2020年頃まで使うために改修を行いましたが、国際問題によりF-35の導入が困難となり、後継機の開発も遅れているため、F-4Eの退役の目処は立っていないようです

F-15J

いつもファントムおじいちゃんに
振り回されている。

1954
1960
1965
1970
1975
1980
1985
1990
1995
2000
2005
2010
2015
2020

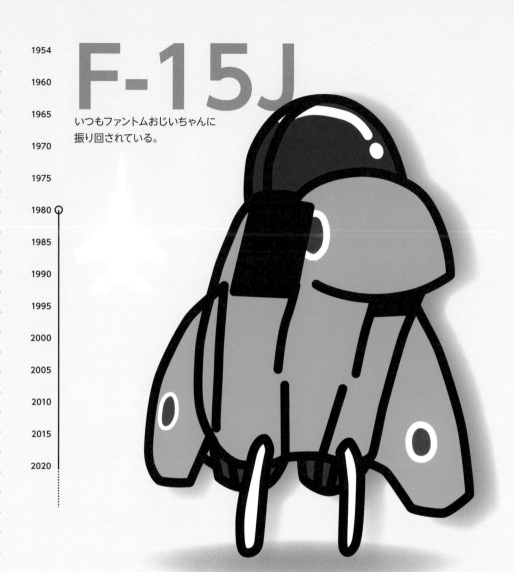

2 イーグル兄さん

戦闘機の中の常識人

イーグルは愛称

F-15は、マグドネル・ダグラスが開発した戦闘機で、F-4の次にアメリカ空軍の主力の戦闘機として採用されています。

F-4が空母艦隊の防空を主任務として開発されたのに対して、敵戦闘機を圧倒できる飛行能力を与えることに集中して開発され、愛称はイーグルと名付けられました。

F-4を開発したマグドネルは1967年にダグラスと合併し、マグドネル・ダグラスとなりました。マグドネルは代々、幽霊の名前を愛称と

してきましたが、ダグラスは1954年に開発したA-4にスカイホークと命名したのに続いて、F-15も猛禽類のイーグルとしています。

最強の戦闘機

F-15が開発される前、極端に言えば「ミサイルが高性能になっていくので、戦闘機はターゲットを捉えてミサイルを発射する機能さえあればよい」という考え方がありました。けれど、ベトナム戦争におけるF-4の戦訓などから、実際の戦闘ではミサイルは期待するほどには性能を発揮することはできず、またミサイルだけで

分類	戦闘機
乗員	1人（F-15J）/2人（F-15DJ）
全幅	13.1m
全長	19.4m
全高	5.6m
エンジン	F100-PW(IHI)-220E ×2基
最大速度	マッハ約2.5
航続距離	約4,600km
武装	20mm機関砲
	空対空レーダーミサイル
	空対空赤外線ミサイル

画像出典：航空自衛隊

は戦闘機に求められる任務を果たすことができないことが分かってきました。そこで、大きな翼と大出力のエンジンを与えることで自在に空域を飛び回り、敵の戦闘機を圧倒する力を持った戦闘機としてF-15が開発されました。

F-15C/DからF-15J/DJへ

　航空自衛隊のF-15には、単座（1人乗り）のF-15Jと、複座（2人乗り）のF-15DJの二種類が存在しています。

　主に戦闘任務に用いられるのはF-15Jとなりますが、これはアメリカ空軍で運用されているF-15Cを元に、戦術電子戦システムを日本国産に置き換えるなどした航空自衛隊仕様となっています。複座も同様にF-15Dの日本仕様が

アメリカ空軍で運用されているF-15C／画像出典：USAF

素人は黙っとれ──

アメリカ空軍のF-15C/Dは、日本では主に嘉手納基地（沖縄県）に配備されています

F-15DJとなっています。

　外観の差異はあまり大きくなく、2枚の垂直尾翼上端の形状が両方同じなのがF-15J/DJです。F-15C/Dでは、左側の垂直尾翼端に戦術電子戦システムのアンテナを搭載しているため、右側よりも太くなっています。

F-15C/Dでは左垂直尾翼端がアンテナとなっているため右よりも太くなっていますが、F-15J/DJの電子戦システムは異なり同じ太さになっています／画像出典：USAF, 航空自衛隊

改修され続けているF-15J

　戦闘機に勝つことだけを目的に開発されたことで、現在でも機動性では多くの戦闘機を圧倒することができるF-15。

　1982年の運用開始から、機能強化のための改修が行われています。1985年以降に生産されたF-15は、J-MSIPという能力向上のための改修が適用されています。また、このJ-MISP仕様のF-15の一部は、AAM-4と

04式空対空誘導弾（AAM-5）は、ヘルメット・マウンテッド・ディスプレイと組み合わせることで、機体側方のターゲットに向けて発射することも可能だといわれています／画像出典：航空自衛隊

AAM-5という国産対空ミサイルを運用や、ヘルメットに飛行諸元や周辺の状況などを投影できるHMD（ヘルメットマウントディスプレイ）を運用するための改修も行われています。

現在、日本では200機以上のF-15J/DJが運用されていますが、ほぼ半数となるJ-MSIPが適用された機体の更なる改修計画が進められています。レーダーや通信機能の強化によりF-35A/Bと共同して活動することができるようになります。

ストライクイーグルの登場

アメリカ空軍はF-15Dから発展したF-15Eを1989年から運用しています。

胴体側面の燃料の積載量を増やすための膨らみが特徴的です。これはコンフォーマルタンクと呼ばれていますが、そこには12カ所の爆弾を搭載するポイントが設置されていて、主な任務は対地攻撃となっています。

F-15Eは、F-15S（サウジアラビア）、F-15I（イスラエル）、F-15K（韓国）、F-15SG（シンガポール）、F-15QA（カタール）と名前を変えて各国で採用されています。

コンフォーマルタンクをF-15Eに取り付けている様子。密着型増槽とも呼ばれ、翼下に吊り下げる増槽に比べて空気抵抗を低減することができます／画像出典：USAF

すごいよ！イーグルの伝説

F-15の「最強の戦闘機」という設計思想は実戦でも実証されていて、115機を撃墜しながら撃墜されたF-15はないという、驚異的な実績を持っています。また、主翼の片方を失っても帰投できたのは空力的に優れていることの査証ともいえます。

そんな「無敵」のようなF-15ですが、2世代前（初飛行で18年の差）のF-104J（航空自衛隊所属）とアメリカ空軍のF-15Cの訓練で、撃墜判定を受けたことがあるのです。

1954
1960
1965
1970
1975
1980
1985
1990
1995
2000
2005
2010
2015
2020

F-2A

ちょっと名前が長いので
よくF-2くんと呼ばれることが多い。
ちなみに兄がいる。

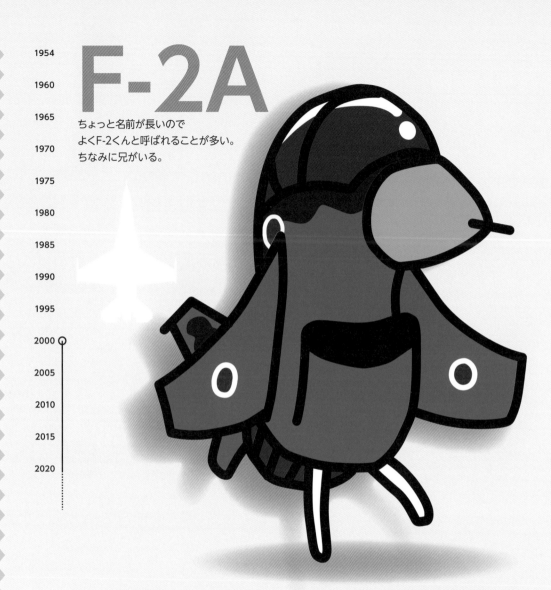

3 バイパーゼロさん

戦闘機いちイケメンだが自覚はないらしい

正式な愛称はない

F-2は、ロッキードマーチンのF-16Cを原型として、三菱重工によって航空自衛隊での運用に合わせて開発された戦闘機です。

F-1支援戦闘機の後継として日本単独で完全新規の戦闘機開発を予定していましたが、F-16を元としてアメリカとの国際共同開発となりました。日本国内での独自開発のための仕様策定や計画進行の混乱、アメリカに対する貿易黒字を原因とする経済摩擦、所要の能力を満たすエンジンをアメリカに頼らなければな

らない技術的な制約などが、その要因となっています。

アメリカから開示される技術情報の制約、F-104J以来となるロッキードマーチンと情報共有の難しさなどの困難をかかえながら開発は進められ、2000年に初号機が航空自衛隊に納入されています。

F-86Fの旭光、F-104Jの栄光など、正式な愛称が与えられてきましたが、F-2には正式な愛称はなく「エフツー」と呼ばれるのが一般的なようです。原型となったF-16の正式な愛称はファイティングファルコンですが、その形状

分類	戦闘機
乗員	1人（F-2A）/2人（F-2B）
全幅	11.1m
全長	15.5m
全高	5.0m
エンジン	F110-GE-129 ×1基
最大速度	マッハ約2.0
武装	20mm機関砲 空対空レーダーミサイル 空対空赤外線ミサイル 空対艦ミサイル

画像出典：航空自衛隊

からバイパー（クサリヘビ）という愛称が使われています。また、F-2は、太平洋戦争時に三菱重工が開発した零式艦上戦闘機になぞらえて「平成の零戦」と紹介するメディアが多くありました。この二つを合わせて「バイパーゼロ」と呼ばれることもあります。

多才な戦闘機

F-1支援戦闘機の主たる任務は対艦ミサイルを装備して侵攻してくる艦船に対処することで、国産の対艦ミサイルASM-1を2本搭載して低空で洋上を飛ぶこと。その後継であるF-2では、対艦ミサイルを4本搭載することが求められました。

この要求に応えるために、原型となるF-16よりも翼面積は1.25倍に拡大されていますが、それに伴う重量増を抑えるために翼面に炭素系複合素材の適用するなど、新たな技術を導入して再設計しています。

量産された戦闘機としては世界初となるフェイズドアレイレーダーや、F-1CCVにより確立されたフライバイワイヤなど、革新的な技術を

多く取り入れた挑戦的な設計となっています。また、コクピットの計器も3枚の液晶ディスプレイによって状況認識を容易にするなど、多様な任務に対応するパイロットをサポートするように設計されています。

機体の塗装も、洋上を低空で飛行する時に視認しづらくなるよう、海面の色に近い青に塗られています。

原型のF-16はベストセラー機

F-2は日本でのみ運用されていることもあり、98機しか生産れていません。

F-16の試作機YF-16。先に開発が進められていたF-15に対して、より小さく・安い制空戦闘機として開発されました／画像出典：ロッキードマーティン

アラブ首長国連邦で運用されているF-16F Block60。機体上部の膨らみに燃料タンクや電子機器を収めることで、多様な任務に対応することができるようになっています／画像出典：ロッキードマーティン

左主翼の端から、短距離空対空ミサイルAAM-3、93式空対艦誘導弾（ASM-3）を2発と、600ガロン増槽を1つ搭載（右主翼も同じ搭載状況になっています）。敵艦船を撃退する任務を想定した、設計時の最大積載状態となっています／画像出典：航空自衛隊

対して原型となったF-16ファイティングファルコンは、4,000機以上が運用されてなお新造機の生産が続けられています。もともとは高性能ゆえに高価になってしまったF-15を補完する軽戦闘機として開発されましたが、元来の機体性能の良さと電子技術の向上による機能強化で多様な任務をこなすことができるようになり、ちょうど退役の時期を迎えていたファントムやミラージュⅢなどの代替需要が重なったこともあり、世界的なベストセラー機になっています。

波にさらわれたF-2B

F-2Aの複座型のF-2Bの多くは、松島基地でパイロットの養成に用いられています。T-4での訓練を終えた戦闘機パイロットの候補生達がF-2Bに乗って飛行隊への配属までの訓練を行っています。

2011年、松島基地は東日本大震災によって発生した津波をかぶり、18機のF-2Bが損傷しました。これによりパイロットの養成課程に発生する問題を解決すべく修復作業が開始され、損傷の大きかった5機を除いた13機が再び任に就いています。

松島基地に置かれる第4航空団第21飛行隊で運用されるF-2B。キャノピーが大型化されて2人乗りになっています／画像出典：航空自衛隊

F-16は4,500機以上が生産されて25か国で運用されるようになっています。

多くの国で共同開発されたF-35や、アメリカ空軍の主力として優れた性能を持つF-15も採用国は多いですが、F-16は飛び抜けた生産数・採用国数となっています。

各国の事情にあわせた派生型も多くあり「F-2の兄弟」といえる機体は、世界中で活躍中です。

F-35A

見た目と片言でしゃべるため、
ファントムおじいちゃんから
宇宙人扱いされた。
自分の気配を消すのが得意。

1954
1960
1965
1970
1975
1980
1985
1990
1995
2000
2005
2010
2015
2020

4 ライトニングくん
謎だらけな新人

二代目のライトニング

　F-35は、アメリカ空軍で主に運用されている多用途戦闘機のF-16、対地攻撃機のA-10と、アメリカ海軍の空母艦上で運用されているF/A-18、海兵隊により運用されている垂直離着陸機AV-8Bの任務を受け継ぐために生まれた戦闘機です。また、F-15の後継として開発されたF-22がステルス性能を含めて高度・高価な機体となったために輸出が難しくなり、輸出用の戦闘機であることも求められました。

　複雑な要望のため、開発費が膨大になるこ

とが予想され、アメリカ単独の負担を軽減するために、多国籍で開発費と開発作業を分担することになりました。ロッキードマーチンが主体となり、イギリス・オランダ・イタリア・カナダ・トルコ・オーストラリア・ノルウェー・デンマーク・イスラエル・シンガポールの政府と企業がパートナーとして開発を進め、2006年に初飛行を行っています。

　愛称はライトニングⅡと決められました。初代となるライトニングは第二次世界大戦で活躍したロッキードのP-38で、双胴に2機のエンジンを積んだ大型で強力な戦闘機でした。

分類	戦闘機
乗員	1人
全幅	10.7m
全長	15.6m
全高	4.4m
エンジン	F135-PW-100 ×1基
最大速度	マッハ約1.6
航続距離	約2,200km
武装	25mm機関砲
	空対空レーダーミサイル
	空対空赤外線ミサイル

画像出典：航空自衛隊

日本ではその愛称から、運用が開始された当初、機体の垂直尾翼に雷神のマークが描かれたこともありました。現在は、第301・302飛行隊が創設時から受け継ぐカエル・オジロワシのマークになっています。

3つのサブタイプ

F-35には、地上運用型のF-35A、短距離離陸垂直着陸型のF-35B、空母艦上運用型のF-35Cの3タイプが存在します。一つの機体を元に、この3タイプを開発することに成功したのは初めてのことです。

小型の空母に着艦しようとするF-35B。低速度で機体を支えるリフトファンへのドアを開き、エンジンノズルを下方に向けています。どちらもF-35Bのみが持つ機構になっています／画像出典：US Marines

空母の離着艦を可能とするために拡大された主翼を持つF-35C。甲板上で運用しやすいように、主翼端を折りたたむことができるのもF-35Cだけの特徴です／画像出典：US Navy

航空自衛隊がまず導入したのはF-35Aで、2016年に初号機がロッキードマーチンの工場でロールアウト。5号機以降は、小牧基地に隣接する三菱重工の工場で最終組立が行われています。最終的に63機のF-35AがF-4EJ改の後任として航空自衛隊で運用されることになっています。

2020年、F-35Bの導入が決定されました。海上自衛隊のヘリコプター搭載型護衛艦の「いずも」と「かが」を改修して運用する見通しです。

ヘリコプター搭載護衛艦の「いずも」は海上自衛隊で最大の艦船です。多数のヘリコプターを効率的に運用するために、広い甲板を持っています／画像出典：海上自衛隊

ステルス

F-35は、レーダによる探知を低減するためのステルス技術が適用されています。

機体形状を調整することで発信源に向かって反射するレーダー波を低減したり、機体表面にレーダーの反射自体を減少させる素材を採用することで、それまでの機体よりも近距離にならないとレーダーで探知することができなくなっています。また、機体内部の燃料タン

クの容量を増やし、ミサイルは機体のハッチ内に搭載するのもステルスを確保するためです。

　レーダーの反射が増えてしまってもよい状況では主翼下面などにミサイルなどを搭載できるようになっています。機体外部にミサイル等を搭載するコンフィギュレーションをビーストモードと呼びます。

センサーとコクピット

　対戦闘機だけでなく、地上や海上の標的にも対処できるように、F-35は多様なセンサーを搭載しています。EOTSと呼ばれるカメラやレーザーを使った光学センサーを機首に備えていて、このセンサーで取得した情報をコンピュータで統合してコクピットの液晶ディスプレイやパイロットが被るヘルメットのバイザー部分に表示させることができます。

　パイロットは、バイザーに飛行状況や標的に関する情報が表示されることで、どちらを向いていても状況を把握できるようになっています。表示される情報の中には赤外線映像も含まれていて、肉眼では見ることができない夜間や機体下部の景色を見ることもできるようになっています。

機首下部に見えるクリア部分にEOTSのセンサーが収められています。ヘルメットはパイロット個人の専用として、頭の形状を3Dスキャンして作られます／画像出典：USAF

　F-35のパイロットが被るヘルメットには「パイロットがどちらの方向を向いているか」を感知するセンサーが埋め込まれていて、飛行状況や周辺の環境に関する情報を実際の視界に重ね合わせて表示することができます。

　多様化する任務により、パイロットの負担は増加しています。これを軽減するために、コンピュータが情報を整理してパイロットに提示するためのインターフェイスの一つです。

1954
1960
1965
1970
1975
1980
1985
1990
1995
2000
2005
2010
2015
2020

T-4くん
見た目がちょっと地味だけど
頑張り屋さん。

ブルーT-4くん
みんな大好き空のアイドル。
もちろん特技はアクロバット飛行。

5 T-4
口癖は「でーす」

ドルフィンという愛称も

T-4は、国産の中等練習機として川崎重工によって開発され、T-33、T-1、T-2練習機の後継機として1985年に初飛行しています。

現在の航空自衛隊では、T-7で基礎的な飛行機操縦の訓練を行った後に、T-4でジェット機の操縦を学びます。このために、T-4には素直な応答性やスピン状態からの回復の容易さ、そして遷音速（音速の少し手前の速度）での優れた飛行特性が与えられています。遷音速は実際の対戦闘機戦闘において重要な速度域のため、この速度域で良好な飛行特性を持つことは実戦的な訓練を行うために必要な性能であることから、T-4は戦闘機パイロットを育てるために必要な性能を充分に備えているといえます。

公式には愛称が与えられてはいませんが、角の丸い流麗な形状からドルフィンと称されることがあります。

戦闘機パイロットを育てる

パイロットの候補生は、まずＴ7で飛行機の基本的な操縦を学びます。ここで戦闘機の

分類	中等練習機
乗員	2人
全幅	9.9m
全長	13.0m
全高	4.6m
エンジン	F3-IHI-30B ×2基
最大速度	マッハ約0.9
航続距離	約1,300km
武装	なし

画像出典：航空自衛隊

057

パイロットを目指すことを許された候補生は、芦屋基地（福岡県）の第13飛行教育団と浜松基地（静岡県）の第1航空団でT-4に搭乗して航空自衛隊のパイロットの資格取得を目指すことになります。T-4は航空自衛隊の戦闘機パイロットを育てるという重要な役割を担っているのです。芦屋基地に配備されたT-4は、赤と白で塗り分けられて「レッドドルフィン」という愛称が与えられています。

第13飛行教育団のT-4。赤は、ブルーインパルスの青に似たパターンになっていますが、主翼と水平尾翼など異なる点も多くなっています／画像出典：航空自衛隊

また、各飛行隊にもT-4は配備されています。他の基地との連絡や、所属するパイロットの技量維持などに用いられています。

ブルーインパルスとして

航空自衛隊のアクロバットチーム、ブルーインパルスでF-86F、T-2に続く3代目として、T-4が用いられています。第11飛行隊が正式名称で、松島基地を本拠地として航空自衛隊の広報活動として展示飛行を行うことを任務としています。

松島基地は2011年の東日本大震災で津波による被害を被りましたが、ブルーインパルスは九州新幹線全線開通の式典のために芦屋基地に展開中でした。予備機の水没や基地施設の損壊などをのりこえ、2013年に松島基地に戻っています。

ブルーインパルスの展示飛行は通常、6機で行われ、白いスモークを使用します。2020年のオリンピック聖火到着式では予備機を含めた12機による編隊飛行を行い、オリンピックの5色を再現したスモークを使用しました／画像出典：航空自衛隊

通常の訓練で用いられているT-4とは異なり、演技を行うためにラダーの切れ角が増やされ、スモークの発生装置が追加されています。また、低空で飛行することからバードストライク（鳥との衝突）からパイロットを保護するために風防とHUDが強化されています。

▲ エンジンにまつわること

T-4には石川島播磨重工が開発した国産のF3エンジンが搭載されています。超音速域の要求はなかったことなどからアフターバーナーはありません。

配備当初、エンジンからの排気が機体周囲の空気の流れと干渉を起こし、編隊飛行が困難な飛行特性となってしまっていましたが、エンジン後部のフェアリング形状を修正することで解決しています。

2019年、発生したエンジントラブルを検査した結果、エンジンに問題があることが判明してT-4が飛行停止措置を受けました。問題部分のパーツを交換したエンジンに積み替えて安全が確認された機体から飛行を再開しています。

T-4のエンジンにはアフターバーナーがないため、ノズルも稼働部のない円筒状のものになっています／画像出典：航空自衛隊

一言

T-4は練習機ということで、武装が施されることはありません。ミサイル等を運用するためのレーダーや制御装置を搭載していませんし、搭載するために必要なパイロンなどの機材の用意もありません。

同じような訓練を担う機体としてフランスのアルファジェットやイギリスのホークなどがありますが、短距離ミサイルや爆弾を搭載して、戦闘にも参加することができるように開発されています。

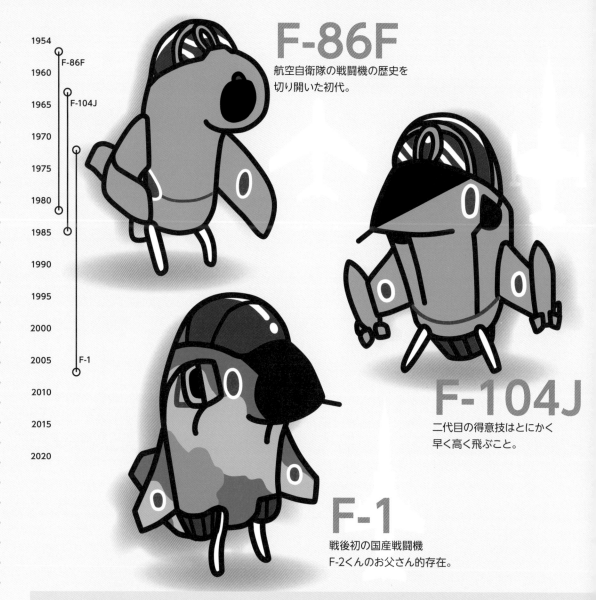

F-86F

航空自衛隊の戦闘機の歴史を
切り開いた初代。

F-104J

二代目の得意技はとにかく
早く高く飛ぶこと。

F-1

戦後初の国産戦闘機
F-2くんのお父さん的存在。

1954
F-86F
1960
1965 F-104J
1970
1975
1980
1985
1990
1995
2000
2005 F-1
2010
2015
2020

6 歴代戦闘機
日本の空を守ったおじいちゃん達

航空自衛隊初の戦闘機 F-86F

　1954年に航空自衛隊が組織されると、ア
メリカよりF-86Fの供与が始まり、1956年に
浜松基地で第1飛行隊が組織されました。基
地設備の関係で一時的に築城基地に移動した
後、浜松基地で国産のF-86Fの運用を開始し
ています。

　180機がアメリカ空軍から提供されたのに
続いて、1956年から三菱重工によって生産が
開始されて、1961年の生産終了までに300機
が自衛隊に納入されています。

　また、一部の機体は偵察用のカメラ機材を
搭載できるように改修されて、RF-86Fとして
第501飛行隊の機体として使われました。

愛称は「旭光」

　F-86は、ノースアメリカンによって1945年

分類	戦闘機
乗員	1人
全幅	11.3m
全長	11.4m
全高	4.5m
エンジン	J47-GE-27 ×1基
最大速度	マッハ約1
航続距離	約2,400km
固定武装	12.7mm機関銃 ×6門

F-86F

からジェットエンジンを搭載をする戦闘機とし
て開発されました。アメリカ空軍で「セイバー」
という愛称が付けられていました。

　航空自衛隊は独自に「旭光」という愛称を
正式に制定していますが、パイロットやファン
は愛着を込めて「ハチロク」と呼ぶことが多かっ
たようです。

初代ブルーインパルス

　1960年に空中機動研究班として発足したブ
ルーインパルスはF-86Fを使用して、東京オリ
ンピックの開会式や大阪万博などで展示飛行
を行っています。

高く速く飛ぶために

F-86Fの後継機種を選定する当時、戦闘機に求められる最大の任務は、核爆弾を搭載した敵爆撃機の迎撃でした。そのために高く、早く飛ぶ戦闘機が求められたのです。

F-104はF-4と同系統のエンジンを1機搭載していますが、重量は半分以下。細くて空気抵抗の少ない機体と「大根が切れる」といわれるほど薄い主翼により、その要求に応える機体となっていました。また、対戦闘機戦闘においても、飛行隊による訓練により、機体の小ささという特徴を活用して有利に戦闘を進める戦い方が編み出されていたようです。

しかし、1基しか搭載していないエンジンが不調に陥ると機体の制御は難しく、採用した各国において墜落事故が多く発生しました。航空自衛隊でも20機が墜落しています。

愛称は「栄光」

「軽量な機体に強力なエンジンを積んだシンプルな戦闘機が必要だ」と感じたロッキードの名設計者クラレンス・ジョンソンにより開発された機体です。アメリカ空軍では「スターファイター」という愛称が付けられていました。

航空自衛隊では、1963年から配備が開始され「栄光」という愛称を与えました。同時に、その製造メーカーと形状から「三菱鉛筆」とよばれることもありました。

1986年に運用は終了しましたが無人標的機に改造され1997年まで飛びつづけました。

分類	戦闘機
乗員	1人
全幅	6.68m
全長	16.69m
全高	4.10m
エンジン	J79-GE-11A ×1基
最大速度	マッハ約2
航続距離	約3,500km
固定武装	20mm機関砲

F-104J

画像出典：航空自衛隊

支援戦闘機F-1

当時、戦闘機は要撃戦闘機と支援戦闘機の2種類に分けられていました。F-104JやF-15Jは戦闘機や爆撃機に対抗する要撃戦闘機です。対して支援戦闘機は、敵の艦船や地上部隊を攻撃することで味方の艦船や地上部隊の行動を支援することを主目的としています。

F-1は、超音速練習機T-2を原型として支援戦闘機として開発されています。T-2では後部座席に当たる部分に電子機器を置き、透明なキャノピーを鋼板に置き換えるなどの改修が行われました。

国産戦闘機に受け継がれる技術

T-2、F-1は三菱重工が主契約者として開発した、戦後初の国産戦闘機です。当初はアメリカ空軍が使用しているT-38を採用するとい

う動きがありました。しかし、日本国内で戦闘機を開発することの必要性が認められたことでT-2の開発が行われました。そしてT-2を原型としてF-1が開発されました。

また、T-2を改修したT-2CCVでは、カナードを追加してフライバイワイヤで制御を行う試験も行われ、取得した技術がF-1の後継機であるF-2に受け継がれています。

2006年にF-1の運用が終了となったころには、要撃戦闘機と支援戦闘機を区分することはなくなっています。

分類	戦闘機
乗員	1人
全幅	7.88m
全長	17.85m
全高	4.45m
エンジン	TF40-IHI-801A ×2基
最大速度	マッハ約1.6
航続距離	約2,600km
固定武装	20mm機関砲

F-1

画像出典：航空自衛隊,USAF

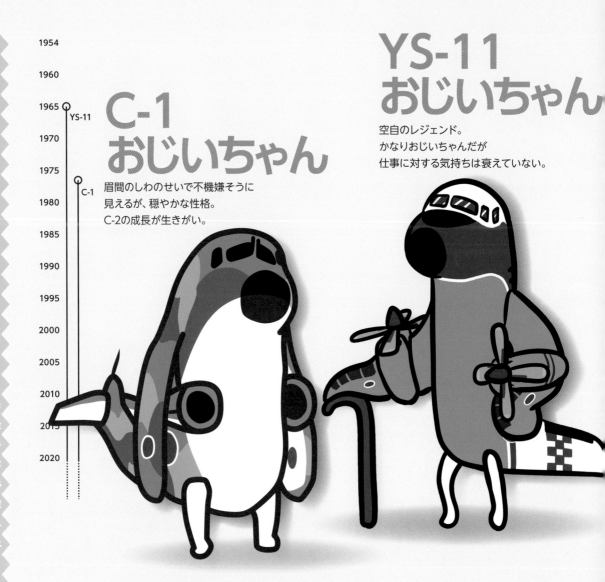

C-1
おじいちゃん

眉間のしわのせいで不機嫌そうに
見えるが、穏やかな性格。
C-2の成長が生きがい。

YS-11
おじいちゃん

空自のレジェンド。
かなりおじいちゃんだが
仕事に対する気持ちは衰えていない。

1954
1960
1965 ○ YS-11
1970
1975
1980 ○ C-1
1985
1990
1995
2000
2005
2010
2015
2020

7 輸送機たち
人や物を運ぶのがお仕事です

戦後初の国産旅客機YS-11

　戦後初の国産旅客機として、官民一体となって開発されたのがYS-11です。東京大学内に設置された組織を中心に、堀越二郎、太田稔、菊原静男、土井武夫、木村秀政の「五人のサムライ」と呼ばれた、戦時中に航空機の設計を行った設計者が、その設計に当たっています。製造には、現在でも航空自衛隊の戦闘機製造に深く関わるメーカーが当たりました。

　1964年には国内の航空会社への納入が開始され、全日空にリースされた2号機が東京オリンピックの聖火を日本国内各地に届ける役割を担っています。この時、機首には「オリンピア」という愛称が入れられていました。

　1965年からは、航空各社への納入が始まり、営業運行が開始され、海外でも販売実績を重ねていきました。しかし、次第に販売と保守体制の不備があらわとなり、1973年に生産終了となります。

自衛隊のYS-11

　自衛隊では、航空自衛隊が13機、海上自衛隊が10機のYS-11を、兵員や物資の輸送機として導入しました。C-130導入により余剰となった機体は、改修を受けて電子戦訓練や航法訓練などに転用されています。

　現在、唯一、飛行場の機能点検を行うために運用されているYS-11FCも後継機が決められていることから、YS-11が運用を終了する日も近いことでしょう。

分類	飛行点検機
乗員	5人
全幅	32.00m
全長	26.30m
全高	8.98m
エンジン	ダートMk542-10 ×2基
最大速度	約245kt
航続距離	約2,300km

YS-11FC

画像出典：航空自衛隊

戦後初の国産輸送機C-1

　アメリカから供与されていたC-46輸送機の老朽化に伴い、代替となる輸送機を国産とすることになりました。C-Xとして開発が開始された機体は、民間転用を視野に入れてYS-11の開発を行った日本航空機製造が担当しましたが、政治的な問題から民間転用案を放棄して川崎重工に引き継がれることになりました。

　当初は50機の生産が予定されていましたが、31機で打ち切られています。自衛隊の海外派遣など、輸送機に航続距離が求められるようになり、C-130の輸入による代替という決定がされたためです。C-1の航続距離は、開発時に過大な航続距離が他国侵略への危惧を招くという政治的な判断によって短く設定されていたのです。

全国の基地を繋ぐ輸送任務

　1971年に試作機が引き渡され、1976年に正式に運用されるようになりました。

　試作1号機は改修されてC-1FTBとして岐阜基地で運用されています。エンジンや装備品を飛行状態でテストするために機首に計測プローブが取り付けられ、飛行開発実験団により運用されています。また、機体各部にアンテナを取り付けたEC-1が入間基地に配備されています。

　2018年からは後継のC-2の運用が開始され、C-1の任務を受け継いでいます。

分類	中型輸送機
乗員	5人＋36 〜 60人
全幅	30.6m
全長	29.0m
全高	9.99m
エンジン	JT8D-9 x 2基
最大速度	マッハ約0.76
航続距離	約1,700km(2.6t搭載時)

C-1

画像出典：航空自衛隊

講演会

YS-11は1965年から運用が開始されていて、現在、航空自衛隊が運用している機種のなかでも最長老となっています。

F-4EJの運用開始が1972年ですから、YS-11が7年先輩ということになります。続いて、C-1が1976年、F-15Jが1982年、CH-47が1984年となっています。

蜂の巣

1機だけ存在するEC-1は、C-1の機体各部に搭載したアンテナ（特に機首のアンテナを覆うレドームは大きく特徴的）により電子戦の訓練を行うために用いられています。

戦闘中には、敵の状況を知るためのレーダーや状況の共有の通信のために、多様な電波を用います。これを妨害するために電波を発信したり、妨害電波をかいくぐってレーダーや通信を確保することを電子戦といいます。

UH-60J

とても敏感な鼻を
人を助けるために役立てます。

1954
1960
1965
1970
1975
1980
1985 チヌーク
1990
1995 ブラックホーク
2000
2005
2010
2015
2020

CH-47
チヌーク

頼れる力持ち
水浴びも大好きな、やんちゃな側面も。

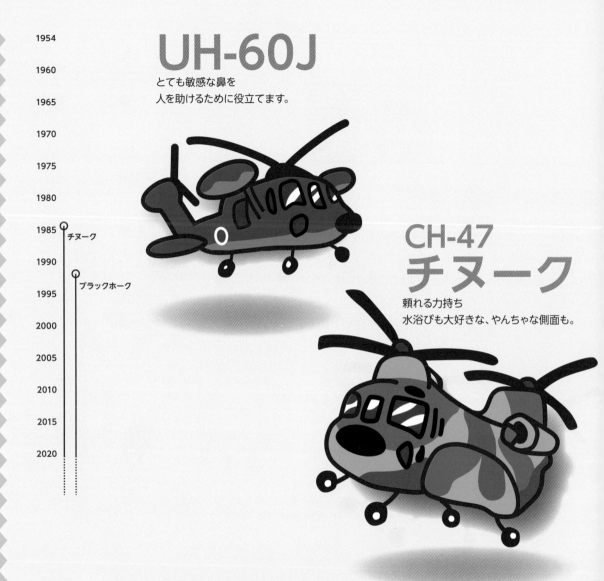

8 ヘリコプター達
命を救う忠犬

力持ちのタンデムローターヘリコプター

CH-47はタンデムローターと呼ばれる、前後に2つのローターをもつヘリコプターです。

創業当初からタンデムローター型のヘリコプターを開発していたパイアセッキのH-21を航空自衛隊は導入しています。バートルと社名変更した後に開発されたV-107も導入。さらにボーイング・バートルとなりCH-47が生み出され、15機を導入しています。

ヘリコプターにおいて揚力を発生するローターは回転しているため、そのままだと機体も回転してしまいます。一般的なヘリコプターは機尾にテールローターを設けることでローターの発生する回転力を打ち消すのですが、タンデムローター型では前後のローターの回転方向を逆にすることで対処しています。

前後に大きなローターを持つことで、機体を大型化できるとともに、安定した飛行が可能になります。このため、重量物の運搬などに向いたヘリコプターだといえます。実際、航空自衛隊では山の上などに配置されたレーダーサイトに物資を届けるなど、輸送任務にあてられています。

ネイティブアメリカンの部族名

アメリカ陸軍に採用されたヘリコプターの多くは、ネイティブアメリカンの部族名に由来した愛称が付けられています。陸上自衛隊に採用されたUH-1のイロコイ、AH-64のアパッチも同じ由来となっています。

分類	輸送ヘリコプター
乗員	5人＋48人
全幅	4.80m
全長	15.88m
全高	5.69m
エンジン	T55-K-712 ×2基
最大速度	約163kt
航続距離	約1,000km（6t搭載時）

チヌーク

画像出典：航空自衛隊

アメリカ陸軍の主力ヘリコプター

UH-60Jの原型になるUH-60は、アメリカ陸軍の汎用ヘリコプターとして開発されました。ヘリコプターが本格的に投入されたベトナム戦争を経験したアメリカ陸軍により、耐久性・信頼性の向上が求められ1979年に運用が開始されて以来、汎用性の高さから医療・救難・特殊作戦・要人輸送などの多数の派生型が生み出され、4,000機以上が生産されています。

UH-60には、ネイティブアメリカンの部族長を由来とした、ブラックホークという愛称が与えられています。

人を助けるために

UH-60Jの主たる任務は、自衛隊の航空機が事故を起こした現場に駆けつけ、搭乗員の救出に当たることです。日本の広い領海に対応するために長い航続距離が必要なために増槽を取り付け、悪天候下でも任務を行えるように赤外線暗視装置と気象レーダーを搭載。着陸が困難な状況でも救助が行えるように、救難員を降下させ、救助者をつり上げるためのホイストが装備されています。

配備当初は白と黄色で塗装されていました。現在は海上での活動中に見つかりづらい青い迷彩となり、ミサイル警戒装置が追加されるなどの仕様変更を受けています。

分類	救難ヘリコプター
乗員	5人
全幅	5.43m
全長	15.65m
全高	5.13m
エンジン	T700IHI-401C ×2基
最大速度	約144kt
航続距離	約1,295km

UH-60J

画像出典：航空自衛隊

救難隊の活動

万一、航空機の事故が発生すると、救難隊に所属するU-125Aが現場に駆けつけ、事故の状況確認や機体・搭乗員の捜索を行います。U-125Aに搭載されたレーダーや赤外線暗視装置によって要救助者を発見すると、マークを投下して後続のUH-60Jに引き継ぎます。

UH-60Jが要救助者の上空に達すると、救難員がホイストなどを使って降下、要救助者を確保して機内に救助することになります。

災害時の救助活動

海上や山岳地域など、さまざまな場所で確実に要救助者を助けることができるように、訓練が重ねられています。

自然災害や民間の航空機・船舶の事故での要救助者の救出、離島などの急患移送、多くの人命を救う活動を行っています。

ビジネスジェット機を原型とするU-125A救難機とU-60Jが救難出動のパッケージとなっています／画像出典：航空自衛隊

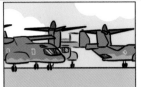

オスプレイ

MV-22オスプレイは、ティルトローター機と呼ばれる、ヘリコプターの垂直離着陸能力と飛行機の飛行速度・航続距離を兼ね備える機体として開発されました。自衛隊では兵員や物資の輸送のために陸上自衛隊での運用が予定されています。

ファントムおじいちゃんでは、ヘリコプターは犬のように描かれています。機首に搭載された航法気象レーダーの黒いカバーが、犬の鼻のように見えるからでしょうか。

お父さん

F-4は、先代となるF-3デーモンから全長・全幅ともに1m拡大しています。当初エンジンに問題がありましたが、換装されてアメリカ海軍に制式採用されています。

非公式ながら高度10,000mまで71秒という記録を持っています／画像出典：US Navy

元号

太平洋戦争で活躍した零式艦上戦闘機と同じ三菱重工によって開発されたことから、F-2は「平成の零戦」と呼ばれたこともあります。

三菱重工が中心となって開発されることになった、将来F-3と呼ばれることになる戦闘機のイメージ／画像出典：防衛省

女性戦闘機乗り

女性が戦闘機パイロットになることは制限されていましたが、2015年に開放。2018年に1人目の女性パイロットが、F-15の操縦資格を取得ました。

松島美紗1等空尉は新田原基地の305飛行隊でF-15操縦の任務に就きました／画像出典：航空自衛隊

新戦闘機現る

防衛省がF-2の後継を国産とする方針を示すと、ロッキードマーチンはF-22とF-35をハイブリッドした戦闘機の開発を提案したと、報道されました。

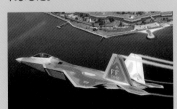

F-4後継候補となったF-22ですが、アメリカ政府から輸出を認められず、F-35が選定されました／画像出典：USAF

老兵

1955年に運用が開始されたB-52。アメリカ空軍は現在保有しているB-52Hを改修して2050年代まで使い続けると発表しています。

B-52よりも後に開発されたB-1、B-2は2030年までには運用を終了する予定となっています／画像出典：USAF

猫を飼いたい

F-14トムキャットを開発したグラマンは、ワイルドキャット・ヘルキャット・ベアキャットなど"キャット"を愛称にもつ艦上戦闘機を多く生み出してきました。

多くの部隊で運用されたF-14ですが、なかでもドクロマークを垂直尾翼に描いたVF-103ジョリーロジャースのファンは多くなっています

073

ラストイヤー

怪しい水割り焼酎

節分

　2007年に、F-2とアメリカ空軍のF-15に事故が発生し、飛行停止となったことがあります。このため約半月の間、F-4EJ改のみが防空任務に当たる事態となりました。

　開発中だったF-15の販売の妨げになることと、SR-71の優位性を保つことの2つが、F-4X計画の中止判断の理由だったようです。

　精鋭のパイロットが所属する飛行教導群はアグレッサー（侵略者）とも呼ばれ、各飛行隊の技量向上のために、全国の基地を巡回して敵役を演じます。

F-15の飛行停止はアメリカ空軍での事故が原因でした。航空自衛隊のF-15は三菱重工のライセンス生産のため、アメリカよりも早く飛行停止を解除することができました

F-4Xのモックアップ。胴体に追加されたタンクの水を吸気に噴射して温度を下げ出力向上する計画でした。出力向上に合わせてインテークも拡大されています

敵役として識別しやすいように、1機ごとに特別な塗装が施された飛行教導群のF-15DJ／画像出典：航空自衛隊

記念撮影

節分②

ふたりはファントム

　F-2は洋上低空を飛行して敵艦船を攻撃する任務が与えられているため、日本近海の海面に溶け込むような青い迷彩塗装が施されています。

　アメリカ空軍による運用試験でF-15Eと対峙したF-35Aは、1機も撃墜判定を受けることなく所定の任務を果たすことができました。

　白い特別塗装が施された428号機が各地の基地祭に展開。百里基地航空祭の前日、突如、黒い特別塗装の399号機が現れファンを驚かせました。

F-4EJ改を運用していた第8飛行隊によって研究が進められた洋上迷彩が適用されたF-2A／画像出典：航空自衛隊

ステルスとネットワークで優位を確保するという考え方で生まれたF-35／画像出典：航空自衛隊

那覇基地のエアーフェスタで展示された428号機。午後7時まで開催されているので、日没後の展示を楽しむことができます／画像提供：kazu sky kimura

075

F-35 ライトニング

三沢基地　戦闘機

茨城空港の退役戦闘機の中デ

暮ラス スズメ
モノノケアヤカリス

茨城空港ニアル
退役戦闘機ノ中デ

暮らすスズオ

田中 タイキック

1-茨城空港公園のファントムと・・・?!／2-旋回性能的にも正しいような気がします！／3-第301飛行隊のスカーフを託されるライトニングくん／4-第302飛行隊が三沢基地に移動してF-35Aの運用開始を記念してF-35AとF-4EJ改による編隊飛行が行われています／5-にしにしさんは「笑ってはいけない」シリーズがお好き／6-茨城空港のスズメ、いつも元気そうですよね／7-間違い探し？8-ファントムおじいちゃんの着ぐるみ作って第301飛行隊に寄贈したかったですね／9-ファントムおじいちゃんの口、そこ!?／10-ファントム

敬老の日

あ〜何するんじゃ〜！

おじいちゃんが入れたコーヒーの味は？／11-第302飛行隊が移動となり、F-4EJ改は第301飛行隊の所属となりました／12-MiG-25は、なんて言ってるんでしょうね（汗／13-2017年に登場したデジタル迷彩の409号機。用途廃止となり現在は岐阜基地に展示されています／14-アグレッサーの襲撃（訓練）かとおもいきや。。。／15-茨城県といえば〜水戸光圀ですよね／16-チヌークがいやいやしたら、ファントムおじいちゃんも引っ張られちゃいそう

画像提供：からあげ🍗@ひまわり会 @ITEM87177

2019 基地航空祭

画像提供：春風（HARUKAZE）@harukaze_JSDF

画像提供：yossy_hanamaru @Dino_terran246

画像提供：y@96ZK3L18GSYrSh2

三沢基地
9月8日

松島基地
8月25日

築城基地
12月8日

百里基地
12月1日

新田原基地
12月15日

那覇基地
12月7・8日

画像提供：昼行灯 @hiruandon4535

画像提供：かばきち @tokabakichi

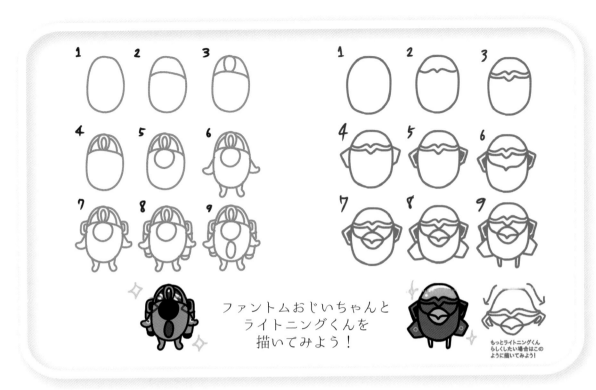

ファントムおじいちゃんと
ライトニングくんを
描いてみよう！

もっとライトニングくん
らしくしたい場合はこの
ように描いてみよう！

フィギュアを作ってみよう

すてんがん工廠のファントムおじいちゃんのガ
レージキットは、にしにしさんが「フィギュアで
きないかな？」とTweetしたのをきっかけに生ま
れたそうです。

塗装のおすすめはF-4EJのころの明るめとのこと
ですが、世界各国のファントムの塗装にも挑戦し
てみましょう！全高10cmほどと、ねんどろいど
のジオラマセットにぴったりなので、いろんな楽
しみ方ができますね。

すてんがん工廠 (Twitter：@stengunfactory)

ファントムおじいちゃんを初めて知ったのは、ツイッターでした。

素直にファントム（戦闘機）なのにかわいい！と思いました。また、自衛隊で起きた様々の事象をコミカルに漫画にして発信してくれる。それもすかさず発信してますよね。

自衛官も同じ人間ですから、にしにしさんのようにダイレクトに言いたいこともあると思うことがあるんですよね。それを代弁してくれてるようにも見えます。やりすぎず的確にユーモアを取り入れて、すごく頭のいい人だと思います。

ファントムおじいちゃんは、あのキャラクターゆえに幅広い方に親しまれていると思います。子供からおじいちゃんおばあちゃんまで

いますよね。中には「ファントムはよくわからないけど、可愛いから買おう」とぬいぐるみを買ってくださる人もいます。そこから始まり自衛隊を知ってもらえば、いいと思うんですよね。

これからもぬいぐるみシリーズは続けていきたいですね。F-2とかF-15とかね。

にしにしさんには、ファントムはなくなったけれども、ファントムおじいちゃんをこれからも描き続けて欲しいですね。ファンの皆様も同じ気持ちでしょう。みんなの心の中にファントムの思い出がある限り。

ファントムおじいちゃんと仲間たちのぬいぐるみもたくさん！

Granpa Phantom Goods
$3,950,000

さんきち
https://www.san-kichi.jp/

あすーるさんとのコラボ
グッズも大人気

　ファントムおじいちゃんの魅力は「見た瞬間、かわいい」まずはそこですね。お子さんからお年寄りまで誰が見ても、見た瞬間にカワイイと思える。戦闘機だと尖っている部分があるのに、そこを上手く丸くアレンジしているのがいいんだと思います。

　航空ファンが「ちょっと面白い」と思える事件を即座にネタにするっていうのは凄いです。そして、描き方に愛がありますよね。チクリとするのに、なんか笑っちゃう。ほっこりする。そこが面白いんです。

　にしにしさんて趣味の幅が広くて。馬・日本神話・道教といったことを織り交ぜることが、世界観に深みを与えていると思います。物語があるから、見ていたくなるんでしょう。

　元ファントムライダーの戸田さんも好きだとおっしゃってましたよ。ご夫婦でファンという方も多いですね。一緒に基地祭に行かれるような夫婦に来店頂きます。

　他のお店さんが、それぞれにファントムおじいちゃんのグッズを展開していますが、被っていないんですよね。あいふらでは、これからもマグカップやタグなどを展開していきたいなと思っています。

　ファントムはなくなるけど、にしにしさんが描き続けてくれて、みんなで応援して盛り上げて行ければ、多くの人がファントムが好きという気持ちを持ち続けられると思います。これからも応援していきます。でも、もしにしにしさんがファントムおじいちゃん無頼を描かなくなって、次にどんなことに興味をもたれるのかも、楽しみにしています。

Granpa Phantom Goods

あいふら
https://www.ai-fla.com/

$3,950,000

GRANPA PHANTOM
MANIACS
1971 2021

🐧 おじいちゃんタグ
かばきち @tokabakichi

昨年の新田原航空祭の展示飛行後にお願いしたとき「あ、ファントムおじいちゃんだ。」と言ってサインしていただいたものです。

🐧 ファントムおじいちゃん's
ぶる @zina_buru

ファントムおじいちゃんが好きすぎて羊毛フェルトで作成しました♪

🐧 共喰いじぃちゃん「わしぢゃが」
まりうす文 @ClipperRx4

ファントムおじいちゃんファンの初めて会う方々に名刺代わりのクッキー。お出かけ準備してるのに、じぃちゃんてば食べてるし〜！！

🛩 リアルタイプおじいちゃん！

mao @mao_6r

ファントムおじいちゃんシリーズは普段から楽しく拝見させて頂いていたのですが、ふと自分も何か描いてみようと思い立ち自分の得意分野で描かせて頂きました！Twitterで投稿済みなので見たことある人もいるんじゃないかな。(^^)

ん？
なんじゃ？

F-4EJ(改)

JASDF

mao

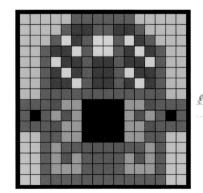

🛩 ファントムおじいちゃんの お茶タイム

田中葵 @chibiaoi0524

ファントム(おじいちゃん) 今まで
ありがとう！

🛩 アグレッサーおじいちゃん

コロロ少尉 @kororo14dove63

退役後に民間のAGRとして空に舞い戻って来たおじいちゃんというコンセプトで作りました。まだまだ飛んで欲しいという願望を込めてます！

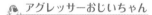

🐧 とてもつらいおじいちゃん
まんぼう

数年前のバレンタインに作りました。初めてのキャラチョコでしたがおじいちゃんと分かるものが完成して良かったです。

301 SQUADRON
436 07-8438
301 SQOUDRON'S F-4EJ改
FINAL FLIGHT
2020 12/10

301 SQUADRON
2020 12/04
315 37-8315 LAST FLIGHT

去りゆく亡霊に敬礼を
亡霊よ永遠に
🐧 **フランカーD @Su_33FlankerD**

いつも戦闘機を描いていて、ファントムおじいちゃんを描くのが初めてで、またスペマ機体を描くのも初めてでしたが、頑張りました。機体がメインだけど許してください。

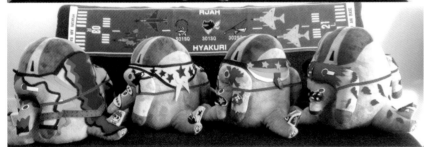

🛩 ファントムおじいちゃん地上展示
アグレスちゃん @wDhGiQHBjMw6AR9

おじいちゃんにフェルトと布用両面テープでデコりました。みんな仲良しずっと一緒だよ。

🛩 痛グラス仕様
おぢい @O34oZXVL43BTMz1

2年程前に作りました！材料も道具もダイソーで購入しました。

🛩 偵察航空隊ファイナル T- シャツ
CASTLE41 @NRT0324

百里基地遠征の士気高揚の為に世界で1枚だけの偵察航空隊ファイナルT-シャツを製作しました。折角ならオフィシャル風に作りたい!!って事で「スプーク」と「ファントムおじいちゃん」のコラボで作りました。3月のファイナルの時に展示機一緒に記念撮影出来たのは良い思い出です。

🛩 ファントムおじいちゃんのお正月！
M Crew @alpscrew

うちの奥様が縫った羽織・袴を身に着け酒盛りをするおじいちゃん。

1,2-駐屯地潜入：まりうす 文@ClipperRx4／3-さんきち@atsugi_sankichi／4,5-海自基地でも大暴れ：ｔａｔｅｚｏｕ@tate_zou／6-カエルを追って小松基地航空祭：りら吉@rirakiti／7-小松基地航空祭2019：ユウ@ｃ２２０２／8-零戦とご対面♪：ponytail@Luna373／9-見学会の案内はまかせろぢゃ：TAKEO@takeofujioka

10-メリクリなのじゃ〜：たわっちぃ@hari_tawa／11-岐阜基地航空祭にて：EPカワセミ@kawasemi_exe／12,13,14-シーズンイベントは楽しいんぢゃ♪：まりうす文@ClipperRx4／15,16-マレーシアは期待に応えているのかな、おじいちゃん？：Albert Lee@FSKrieger22／17,18,19-ファントムゆかりの地の日本酒で乾杯じゃ：もとさん@mirakuru17

PHANTOM AIRLINES 301
Trip with Granpa Phantom
IBR ✈ QGU
IBR ✈ QGU

Blue Impulse

HYAKURI A.B. 301TFS
HYAKURI A.B. 301TFS

THE302nd TACTICAL FIGHTER sqn
HYAKURI

1-ロボット犬と共に：百里隊@2103hyakuritai／2-おじいちゃんの里帰りtomo@ganotaarcher／3-白素青い池素晴らしいのじゃ：たわっちぃ@hari_tawa／4-齋藤拓@u99_ssn21／5-レディーナウ！なのじゃ：Shinichi Kanai@shinrota1102／6-ファントムおじいちゃん無頼：momo@momo_aky／7-我が家の680おじいちゃん：kappa@rgm　79gm／8-明日は初めてでお出かけワクワクなのじゃ♪：madoch@mdch_max／9-平山あづさ／10-空カツカレーとの戦い：田中葵@chibiaoi0524／11-ファントムおじいちゃんと娘：ぴーたん@piitan2_mokotan／12-AL@ALbert1886E

ファントムおじいちゃんのぬいぐるみが大集合。みんなちょっと違う姿です

開場のテープカットは、入場待ちをして頂いていた方にも急遽、参加して頂きました

画像提供： **1** まりうす文 @ClipperRx4・**2** スカイ @sky8863 **3** ししまる @hk416blue

GRANDPA PHANTOM FAN SESSION
2020.02.09
@HYAKURI

「ファントムの巣」とも呼ばれていた百里基地のそばで、ファントムおじいちゃんのイベントをやりたい。

そんな理由で企画したのにもかかわらず、とても多くのファントムおじいちゃんのファンの方々に集まって頂きました。会場の「空のえき　そ・ら・ら」の関係者の方も「この施設に、こんなに多くの人が集まったことは、初めてなんじゃないかしら」といわれるほど。

拙い運営にもかかわらず「楽しかった」という言葉をいただきました。またいつか、次のイベントでお会いしましょう。

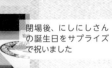

閉場後、にしにしさんの誕生日をサプライズで祝いました

ファントムをテーマにした作品を多く持ち寄って頂きました

2020年 **2**月**9**日㊐
11:00〜16:00
空のえき そ・ら・ら
──ホールB──

Ghost Eagle
@GhostEagle12

多くの人た あわせてくれてありがとう
ファントム Thank You サンキュー
1971-2021

M Crew
@alpscrew

初めて
ファントムおじいちゃんと
見たのは、2019年12月1日
でした…
byはにゃこさん

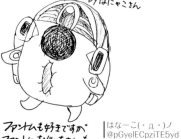

ファントムも好きですが
ファントムおじいちゃんも
好きです。にしにしさん。
これからも描いて下さい
ね!!

はなーこ(・д・)ノ
@pGyelECpziTE5yd

bit w/Shiwasu
@_b_i_t_

アイマス疾成組より 愛をこめて
ファントムさん、おつかれさまでした!

くれま@エアコミケ2
@bikakingirl

ぼうぜろ(ずたぼろ)
@Phant_Zero

Thank you, I'll never forget you!
@Phant_Zero

THANK YOU
301SQ!!
& #356
にしにし先生
ありがとう

takeofujioka
@takeofujioka

四十三年前の小学生の頃、ゼロ戦のプラそばっかり
造っていたなか、シャープな姿に一見惚れして初めて
造ったジェット機が ファントムでした。
そして、あんなに丸っとした愛らしい姿で再会した
ファントムおじいちゃんに惚れなおしました。
そんな、素敵な姿に変身させた にしにしさんに
感謝です!!

2020.12.30 TAKE

RF-4E/EJ RIDER
TAKE
501st RSQ
FINAL YEAR 2020

TAKE
@take_3ta

Thank you! We ♥ Phantom II

今だから言える!
Phantom IIさんの
ココが すき!!

♥ファントム
おじいちゃん
♥にしにしさん

Phantom IIさん
あなたは
から年おじさに
似てます(笑)
すき!!

カメから見る
ムラムラ
高さじえみたいて
かわいー

カナリ酒のみそな
高とばびえんし!
大すき

@ClipperRx4

まりうす文
@ClipperRx4

F-4EJ改 ファントムII
長い間
日本を守ってくれてありがとう！

亡霊よ永遠に空を飛びたまえ
Phantom forever

フランカーD（ベルグマン航空廠）
@Su_33FlankerD

フランカーD（ベルグマン航空廠）
@Su_33FlankerD

長い間日本の空を
守ってくれてありがとう
おつかれさま
ゆっくり翼を休めてね！

I LOVE PHANTM

「ファントム
おじいちゃん
無東頂」

梅組#305sq
@s_jsb24k

Thank you Phantom Phoebe
by @s_jsb24k

うに＠ヒコーキ垢
@uni_VL032

ファントム
長い間ありがとう!!

@uni_VL032

5 MORE MINUTES...

Albert Lee
@FSKrieger22

Phantom
Forever
ありがとう
そして おつかれ様

@tsuyu_39

つゆ／Tsuyu
@tsuyu_39

いつか
また、どこかで！

稲穂
@NJM4580

私にとってF-4は、小学校のころから見つづけていた親しみのある
飛行機でした。自宅の上を飛んで行く事もしょっちゅうでしたし、
近くの工業高校だったので毎日のように見ていました笑
いなくなってしまうのはさみしいですが、歳を考えると...
パイロットやAPGの方々、そして機体も、長い間おつかれさまでした。

さらば、オジロワシ

Thank you 501!

1974年10月1日に千歳基地でF-4EJを運用する部隊として編成されました。第302飛行隊にちなんで、2019年3月2日に部隊移動記念式典を催した後、3月26日に三沢基地に移動となり、F-35Aを運用する初の部隊となりました

画像出典：航空自衛隊

1961年に松島基地で編成された偵察任務を行う第501飛行隊。1974年12月4日に百里基地でRF-4Eを導入。被災状況把握のために撮影を行うなど、その力を発揮し続けていました。2020年3月26日に廃止となっています

画像出典：航空自衛隊

THANK YOU 301SQ!

1973〜2020

画像出典：航空自衛隊

1972年に百里基地で臨時F-4EJ飛行隊として発足、1973年10月16日に第301飛行隊となりました。2020年12月15日にF-35Aを運用する部隊となるべく三沢基地へと移動となり、ファントム運用47年の歴史に幕を閉じました。同日、三沢基地では第301飛行隊のカエルマークが付いたF-35Aの姿が公開されています

画像出典：航空自衛隊

ファントム
長い間、空の平和を
守ってくれて
ありがとうございました。

ファントム
おじいちゃん
ファンブック

2021年2月5日 初版発行

イラスト マンガ	にしにし
編集・文責	小泉 史人 コイズミ フミト
デザイン	株式会社 創美
協力	さんきち あいふら

発行者	福本 皇祐
発行所	株式会社 新紀元社 〒101-0054 東京都千代田区神田錦町1-7 錦町一丁目ビル2F Tel 03-3219-0921 / Fax 03-3219-0922 http://www.shinkigensha.co.jp/ 郵便振替 00110-4-27618
印刷・製本	株式会社シナノパブリッシングプレス